Inventario de invertebrados

Un jurado compuesto por Mercedes Cebrián, Inés Martín Rodrigo, Carlos Pardo, Nuria Ruiz de Viñaspre e Ignacio Vleming, actuando como secretaria con voz pero sin voto Elena Medel, decidió por unanimidad conceder el VIII Premio de Poesía Joven "Pablo García Baena" al poemario *Inventario de invertebrados*, de Sergio C. Fanjul, otorgando un accésit al poemario *Si la carne es hierba (Sully Morland)*, de Claudia González Caparrós.

Inventario de invertebrados

Sergio C. Fanjul

VIII Premio de Poesía Joven
"Pablo García Baena"

La Bella Varsovia

Colección fundada por Alejandra Vanessa y Elena Medel

Primera edición: octubre de 2015

Apartado de correos 2164 -- 14080 Córdoba
http://www.labellavarsovia.com

Diseño y maquetación:
La Bella Varsovia

Edición:
Elena Medel

Corrección de pruebas:
Alberto Acerete

Colaboran:
Delegación de Cultura del Ayuntamiento de Córdoba
http://cultura.cordoba.es
Cosmopoética. Poetas del Mundo en Córdoba
http://www.cosmopoetica.es

Impresión y encuadernación:
Estilo Estugraf Impresores
http://www.estugraf.es

ISBN: 978--84--943557--7--6
IBIC: DC DCF
Depósito legal: CO--1197--2015

Hecho en España / *Made in Spain*

Inventario de invertebrados

a la celeste Liliana

INVENTARIO DE INVERTEBRADOS

La febril escolopendra, las cuarenta y dos patas del ciempiés, las lombrices, los tremátodos y los nematelmintos, los duros pelos de la reina Tarántula, las larvas, las larvas, las larvas y las babas de la babosa infame, todos estaban a mis pies, entre las sábanas, al fondo de la cama. Eran aberraciones del mundo, la herencia biológica de una Naturaleza enferma, el diseño inteligente del Demonio. ¿Dónde estaba Dios el día en que poblaron los lodos de la Tierra?

Cada día los veía en un gran libro titulado *Invertebrados*, el número 8 de una colección infantil sobre animales, cuya portada no me atrevía ni a tocar: me daba asco. Cada noche me encogía para que esos bichos vomitivos no alcanzasen las puntas de cristal de mis pequeños pies.

A mí me gustaba el libro de las aves, su elegancia ingrávida hilvanada en el viento fuerte de la tarde, pero no había aves volando en el cielo gris marengo de mis sábanas.

Tenía miedo a los invertebrados, al monstruo del pasillo que solía susurrarme, al que se escondía en el armario o debajo de la cama, a caminar en cuartos oscuros donde no veía los abismos, a que cualquier noche mamá no regresara para cogerme de la mano, y al gran ciervo volante: el Rey del Bosque.

Nevada en *pause*

El cerezo en flor,
una nevada en *pause*,
anuncia la estación de las terrazas.

El primer hombre que advirtió
el ciclo del zodiaco, dices,
descubrió la periodicidad
de la tristeza,
la fractura de la luz.

Bajo la sombrilla el sol te va encontrando,
otoñeas frente a un tinto
de verano.

Desde hace algún invierno
cada vez menos flores rompen
el asfalto en primavera.

¿Cuánto me quieres?

Te quiero aproximadamente.

Te quiero por defecto.

Monstruosa poética

Desde el núcleo de la célula eucariótica, el
poema.

Uno que entre los versos guarde mitocondrias,
ribosomas, ácido desoxirribonucleico,
con una membrana bicapa lipídica
que lo separe del mundo pero que permita el
trasiego
de emociones, proteínas, iones sodio y potasio
y amor.

Citología endecasílaba que hace el suspiro
carne.
Luego los poemas se van asociando, forman
tejidos,
órganos, hígados, poéticas pestañas, prosaicos
pies de barro,
un organismo entero y surge el Golem, el
monstruo de Frankenstein
que se levanta rígido y amenazante del azaroso
caldo de cultivo,
la sopa primordial de las metáforas, con los
brazos extendidos
y una sola misión: exterminar a quien lo crea.
Va hacia el poeta,
lo pone contra el muro, y estruja su cuello
hasta la muerte.

Un monstruo que, como
Jaime Gil de Biedma
--cuyo nombre ya era un verso--
prefería ser poema a ser persona.

Todo esto, a modo de poética.

CURSILLO DE ORIGAMI

cada vez que te veo pienso en papiroflexia

te doblas sobre ti misma
y vuelves convertida en otra cosa
pájaro, mar, residuo radiactivo,
terremoto, pétalo que muerde,
sangriento *mousse* de leche

consulto mi sismógrafo:
por ejemplo, ahora estás furiosa
pero ahora, en cambio,
te acercas y me coges de la mano
con la fuerza justa

para dar muerte a un gorrión

Entomología de la migraña

el terco alacrán sigue su camino
por el laberinto blando del cerebro

mamá: quiero estar solo

a oscuras
acurrucado en el centro de un mundo
de persianas bajadas
cercena el mínimo susurro
la luz revuelve motosierra

cuando el músculo que crea la realidad enferma
la misma realidad es la que duele

no veo nada

lejos

al fondo
de la burbuja viscoelástica
de lino y algodón
oigo los pasos oxidados

el terco alacrán sigue su camino

La tumba de los gorriones

Los gorriones se metían en la estatua ecuestre por la boca del caballo y luego, en la oscuridad, nunca lograban encontrar de nuevo la salida. Como Jonás en la ballena, pero alados.

Revoloteaban hasta morir en su real panza metálica. Y nadie lo sabía.
Cuando una explosión republicana, durante una guerra, abrió el vientre de la estatua como un libro, aparecieron cientos de pequeños huesos de gorrión.

El caballo lloró lágrimas de óxido. El rey, montado encima, hacía tiempo que había perdido ya su reino. Los gorriones no tenían nada que decir, estaban muertos.

Contra el poder legítimamente establecido, que hablen los huesos.

es tu manera de saltar de enredarte en los
jirones
los pies descalzos apenas pisando sobre el
humo la niebla
lo indefinido con ese salto tuyo que es casi
vuelo
con ese vuelo tuyo que es casi aire
con ese aire mío que se vuela en remolino
esa manera de caminar aún sin rodillas ese
aleteo tuyo
sin el asfalto que al final es medicina esa
manera de tocar lo que no tocas o que se toca tú
a ti misma, ¿cómo voy yo a poner suelo
a los andares tuyos? ¿qué hormigón
qué triste ingeniero proyectará un destino
para las palmas voladoras de tus pies?
hay un camino tuyo que bien podría ser mi lomo
mi vientre mi forma de pensar cómo caminas
las palabras pisa rotundamente estas palabras
que más que aun para ti
son rotundamente mías

El mordisco necesario

¿Recuerdas que amabas los manzanos y ya no lo recordabas? Y yo bajaba la vereda con la fruta entre las manos, brillante, verde y soleada; madre, enséñame qué cosas son las buenas.

Y por allí caía el valle y los prados de los bueyes y el abuelo, que a veces se parecían tanto.
Y abajo, la casa oscura de la tía Práxedes que no moría nunca y olía a antiguo y a tierra y a humedad y no tenía ni luz ni agua corriente y parecía de otro mundo.
Su rostro lo surcaba un dédalo de arrugas milenarias.

Hijo, las cosas buenas de la vida serán las que tú quieras que lo sean. Solo tienes que cogerlas con las manos
y morderlas.

El sueño del gato muerto

El gato muerto abierto en el asfalto;
nosotros lo matamos: relampagueó delante
    durante un nanosegundo;
en el retrovisor, cuerpo y cabeza rodaron
    separados.

Míralo: el choque entre la civilización y lo
    salvaje en el que yo siempre me pierdo.

Ahora de su cabeza abierta salen pensamientos,
    su cuerpo
rígido duerme en la cuneta, cerca de la obra,
las cosas, por dentro, están llenas de otras
    cosas.

Los gatos muertos sueñan con *bulldozers*

Los catedráticos del tedio

Al borde de la esdrújula,
con cuatro quintas partes
de ironía posmoderna,
y una pizca de flema,
nos hacemos los encontradizos
(conceptualmente)
hey! --dice uno--, yo además
he leído a Slavoj Žižek

los poetas también pueden causar guerras
digo yo
mientras la noche nos va exterminando
en un banco en una plaza
regurgitando textos

repasando la guía del odio
a cuatro patas
los catedráticos del tedio
--borrachos--
cantan

El mal de alzheimer

Ha vuelto a la primera vez
que hizo algo por primera vez.
Nunca le gustaron las zetas,
pero eso ahora ya no importa, qué demonios,
cuáles, cómo hacer la cirugía
a lo intangible.

Vive cada instante como un poema japonés,
con un brócoli creciendo dentro del cerebro,
sola en el aliento más preciso,
luego se borra en bucle y resetea.

No me reconoce
la niña que no sabe pronunciar
su nuevo nombre.

En su sueño de anoche
--¿quién sabe?--
el avión gira
en el último momento
y pasa por en medio
de las Torres.

Coma

Le gusta
el hálito del hielo,
su fría quietud imaginada.
Lleva diez años en la cama
y es hermosa

Le gusta
el pálido reflejo,
la caída de la luz como un murmullo.

Después del primer aliento tras el coma,
a través de los barrotes de la lluvia,
se apaga el corazón.

Dragones en el techo

Las humedades del techo parecen dragones
con las fauces abiertas
(es una cuestión de percepción, ilusiones
creadas
por un cerebro lento y caro que rellena aquello
que no abarca),
el falso cielo, el techo verde,
una vida entera que pasaría tremolando
junto a ti, aterrorizado por dragones
(animales mitológicos fabricados con una
mezcla
de miedo y de sueños que, sin embargo, y en
diferentes
manifestaciones, se dan por buena parte de la
geografía)
japoneses, gaélicos, indios pero todos
acechándonos terribles
mientras tiemblas bajo el edredón, pero
¿quién eres?,
¿por qué vives aquí?, ¿en qué momento me
enamoré
de ti? ¿cuándo te raptaron los dragones?
(dicen que vienen de la luna,
y que se ocultan en las cuevas donde guardan
preciados
tesoros y doncellas, sin embargo
yo creo que estamos en Carabanchel o
Malasaña),

abramos la ventana y que la luz imponga su
justicia,
que responda toda duda, que extinga a los
dragones,
¿cuánto cobras? ¿sabes una cosa?
En el techo: tienes humedades.

El gran masturbador

en un mundo lácteo, níveo, esdrújulo
te tocas y no alcanzas a tocarte,
porque estás muy lejos de ti mismo:
estás por dentro

sacrílego incauto posmoderno
prefieres el artificio, la ficción,
la carne pixelada,
al verdadero amor.

Los píxeles elementales

En este videojuego usted controla a un personaje pixelado que vive en una casa pixelada con jardín en un suburbio pixelado. Usted puede hacer que el personaje monte fiestas en su casa, compre muebles, vaya a hacer deporte, ponga discos. Puede incluso que el personaje tenga un ordenador y allí dentro un videojuego en el que controla a un personaje pixelado que vive en una casa pixelada con jardín en un suburbio pixelado. El personaje pixelado puede hacer que el segundo personaje pixelado monte fiestas pixeladas en su casa, compre muebles pixelados, vaya a hacer deporte pixelado, ponga discos pixelados. Puede incluso que el segundo personaje pixelado tenga un ordenador y allí dentro un videojuego en el que controla a un tercer personaje pixelado que vive en una casa pixelada con jardín en un suburbio pixelado, que monte fiestas locas y tenga un ordenador en un despacho, y en ese ordenador un videojuego y en ese videojuego viva usted.

Las cosas raras

Leo *bosque* y me nacen los robles y los fresnos, los rosales van creciendo al calor de las convoluciones cerebrales, todo florece, vuela, incluso, algún pájaro perdido en la consciencia.

Leo *rascacielos* y aquí surge un monstruo de frío acero y hormigón, me rompe el techo del cráneo, y surge hacia el cielo el edificio repleto de grises oficinistas laboriosos, escribiendo informes, haciendo quiromancia del petróleo, especulando. Se me llena la mente de contables. Tengo la cabeza llena de contables. Me rascan por el dentro del adentro. Me enervo y me duermo acongojado.

Leo *poesía* y me salen cosas raras, qué se yo, en el lóbulo frontal revolotean y escapan a toda clasificación del intelecto. Animales suprasensibles y silvestres se hacen fuertes en las sinapsis neuronales.

Son solo letras, gotas de tinta impregnadas en las fibras del papel, y aún así me salen fantabulosos mundos en el hipotálamo, como musgo neurológico, como hongos de humo y psicodelia.

Y leo *muerte* y la cabeza se me llena de gusanos lentos, de carcoma que la va devorando poco a poco, hasta la última migaja de consciencia y me caigo hacia detrás y me doy con la nuca contra el suelo y algo cruje y no pasa nada más y todo negro.

Un sol menor

De pronto un sol menor
brota en medio del invierno

un agujero de luz
que horada el ventrículo derecho de febrero,
por ahí sale el abyecto ciudadano
de su sopa de sobre habitual,

las prostitutas apuntalan las calles,
ejecutivos despreciables ejecutan su almuerzo
    al aire libre,
y el asfalto se despierta y burbujea.

En lo más hondo de la coyuntura
descoyuntamos nuestros cuellos
para captar la esperanza de un fotón.

¿Cuál es el sentido de este sol pequeño?

El astro engaña,
la miel se desliza muro abajo
cubriendo la inmundicia,
pero el lunes del mundo sigue ahí.

Zoológico de la prematura muerte

Este miedo eterno al fallo de mi aliento,
esta invención perenne de animales
microscópicos que devoran mis entrañas,
este miedo a cada síntoma.

Me enferma la cabeza temer la enfermedad.

Un plan tirando a malo

Amanecer naif leve resaca y viento del este
la luz es un motor que araña la persiana y
    desperdicias
tu talento entre té y redes sociales (la ficción
de que algo ocurre) alta probabilidad
de precipitarme al abismo infiel
del tertuliano

hombre caracol en una cueva
emitiendo para el mundo
y en tu ausencia:

recuérdame recordándote esta mañana
mientras domas jabalíes en la sierra
te extraño aquí con el placer culpable
de un fabricante de armas
--las manos frío acero--

tú: tan agreste asilvestrada
yo: autómata jorobado sobre letras
es decir: esquizofrenia textual
e ingresos bajos
la verdad
entiendo que no vengas.

Orgullo arquitectónico

Ahí donde vives vivió gente,
no les oyes, ya se han ido,
dejaron vacíos jarrones y camas.
Tú estás ahí y eres tú mismo.

Otros
cada día amasan pan, sale otro sol,
se renueva cada célula, tu cuerpo
entero va cambiando, mañana
otro brazo, otro pie, otra forma de pensar
las mismas cosas.

Sin embargo,
la ciudad, con su orgullo arquitectónico
de hormigón armado y de cristal
siempre es la misma:
nos va acogiendo, nos va dejando hueco
dentro de ella, nos ve morir indiferente.

Alguien vendrá después de ti,
y quitará el póster donde la infancia duerme,
pintará de un color que no es el tuyo,
alguien extraño vendrá con su vida aparatosa
y ocupará donde no quedan ni tus pasos ni tu
olor,
ni una triste idea de las tuyas.

La ciudad ahí se queda, ahí el sitio que viviste,
dentro de nada nadie que conozcas quedará

para pasar por estas calles, señalar a tu ventana
y decir:
mirad, ahí vivió este.

El vacío de los calendarios

Me levanto, bebo agua, me ducho con cuidado.
Bajo a la misma calle y el mismo portero
con la misma cara
me da los buenos días con las mismas dos
palabras, es decir: buenos días.

Piso el mismo asfalto que los otros días
--¿por qué los llamarán *otros* si son el mismo?--
y me siento en el metro rodeado de
    desconocidos,
como siempre, en un viaje que jamás recordaré,
como si este día a través del que viajamos
no hubiese existido nunca.

¿A qué dediqué la primavera del 87?
¿Qué estaba haciendo el seis de marzo
de mil novecientos noventa y cuatro
(por la tarde)?
¿Qué hacías tú cuando ese avión
desapareció engullido por las negras
aguas del Atlántico?

Todos nosotros, sin embargo, ellos y yo,
estamos haciendo lo mismo:
rellenar un vacío en los calendarios atrasados
del futuro.

Tú, entre las zarzas

Yo estoy dentro de la cama, y dentro de mí hay
un cerebro y dentro del cerebro
un laberinto blando, y dentro del laberinto
estás tú,
perdida, chocando con las paredes, huyendo
del Minotauro con un temblor de brisa,
de pequeño animal que tiembla. Dentro de ese
animal hay un vacío y dentro del vacío
está la piedra y dentro de la piedra hay una isla
y dentro un bosque por el que corres a
oscuras,
entre ramas, zarzas, flores y encuentras la casa,
--porque dentro del bosque hay una casa-- y
dentro de la casa hay una cama, y dentro
estás tú misma, dormida,
convulsa, anestesiada y dentro de tu pecho un
corazón, y dentro del corazón hay un latido
y un latido y un latido, y entre dos latidos
estoy yo, arrullado entre las sábanas.

Ensalada conceptual

A mí lo que me gusta es crear nuevos espacios donde desarrollar dinámicas heterodoxas enfocadas a la deconstrucción de la siempre problemática (y a veces traumática) naturaleza del significado, y su relación programática con otros paradigmas interculturales y/o científico técnicos. Sin dejar de lado, claro está, las múltiples implicaciones místicas que han aportado, para qué negarlo, un caldo de cultivo muy propicio para la proliferación de nuevas interpretaciones ontológicas de la delimitación del arte, la filosofía y la gastronomía, tal y como se entienden contemporáneamente en Occidente. Por ello, ante el momento de angustia existencial propio del hombre posmoderno y, no olvidemos esto, el cruce de caminos histórico que el nuevo escenario pornopoético presenta, animo a cualquiera que lea esto a tomar parte en una estructura rizomático-social que por fin, y a falta de iniciativas en ese sentido por parte de nuestros gobernantes, investigadores y actores sindicales, de una vez por todas, consiga delimitar la sustancia de los bollullos.

Hay viejos sabios que mueren apoyados en árboles ancianos, como si su sabiduría fuese a ser de nuevo absorbida por la Tierra. Algún samurái malvado les ha clavado una espada en el estómago, y ellos se arrastran hasta los pies del roble y mueren poco a poco respirando cada vez más flojo, hasta que el árbol incorpora lo que fueron.

(La hoja del té cae por azar en el cuenco de agua caliente

Los árboles saben pocas cosas: saben hacia qué lado cimbrearse cuando sopla algo de viento y saben cuándo florecer y perder hoja, pero ni siquiera saben su propio nombre (eso lo sabían los poetas que había antes). Por eso tienen que unirse a sabios viejos para enfrentar los tiempos nuevos.

Yo moriré en París con aguacero, yaciendo sobre la tapa de un desagüe, a los pies de una farola, y seré la luz amarillenta que reconforta a los borrachos.
Me convertiré en *smog* y ascenderé a los cielos.

Microelectrónica humana

Soy eléctrico y magnético, doy calambre, camino por la calle y me cruzo a animales con maleta, seres con carne y con pelo, seres blandos con oscuros sentimientos. Yo me identifico solamente en el erótico martillo neumático, en la máquina más rara, en la calculada fragilidad de los andamios.

Soy eléctrico y magnético y camino siempre por las mismas tristes calles y no hay dedo que me invada el pecho y toque el procesador que llevo latiendo al lado izquierdo.
No hay nada capaz de conmoverme: sumo colores primarios, rompo ecuaciones,
siento el metal en el hueso, mi boca suelta unos y ceros, eso sí, nunca tropiezo.

Siempre tan autómata, camino por la calle, eléctrico y magnético, mecánicamente hacia la tarde, y no encuentro el voltaje, la descarga, la chispa mínima y terrible que me funda los circuitos integrados.

Aeronáutica del miedo

Miramos los aviones despegar
brincando orgullosos hacia el cielo
a la hora morada
en la que el sol se convierte en Alka-Seltzer.

Señalamos sus estelas con el dedo.
Nadie sabe realmente por qué vuelan,
hay ciertas teorías de la ciencia:
son mentira.

Pero qué forma tan hermosa de morir,
cayendo desde el cielo,
envuelto en llamas.

El anarquista loco

Yo soy el anarquista loco que coloca el coche bomba en la avenida principal del corazón adolescente. Soy la pata del cangrejo cubierta de pelo duro y sal turquesa. Soy el condensador eléctrico, el infarto que fulmina al bróker sobre el parquet de la avaricia.

La ley es la tumba de la vida inteligente; los límites, presidios; las líneas rectas, fustas masoquistas. Los horizontes están ahí para romperlos con las quillas.

Yo soy el motor rugiente de la vida más extrema: el que enfrenta la Realidad con el Deseo
y siempre gana.

Pronunciaba fuego

Fue hace mucho tiempo:
yo aún confundía
el lenguaje y el mundo

decía *sueño*
y todo se hacía extraño
y borroso

pensaba *cielo*
y entonces nubes
y bandadas de pájaros

recitaba *tu nombre*
y tu cuerpo se caía
derramado
verso a verso
sobre mí

pronunciaba *fuego*
y me quemaba la boca

La Reina de la Cuerda Floja

en las mejores fiestas que se daban
tú siempre dabas torbellinos
y no había sonrisa forastera
que no fuera a tu sonrisa drogotonta

cuando la noche no era suficientemente noche
las mañanas no eran necesarias
el centro de la galaxia
estaba donde tú bailabas

tú imponías tu ley borrosa
o eso te parecía

mente de crema
títere de ti misma

las más más

la muy muy

la auténtica reina de la cuerda floja
que siempre se caía

Apología del Sol

Yo estoy a favor del sol, soy partidario,
cuando el sol sube muy alto y estalla
y lo pringa todo de sol
y su miel cae lentamente por las paredes
como melaza.
Yo me como el sol, lo muerdo, lo lamo
y entro dentro, el sol tiene una puerta
y yo la sobrepaso,
porque dentro del sol hay furiosas reacciones
nucleares,
porque el sol, al fin y al cabo, es una esfera de
gas que autogravita,
y hay millones de soles, cientos de millones en
cada galaxia,
pero yo me como este, lo muerdo, lo lamo, me
deja la sal,
me seca la saliva de los labios, se me cae encima
y me aprisiona,
quiero a este sol, el mío, el nuestro,
el que fusila nuestra sombra en las miradas,
el que nos arde la piel en cuatro millones de
terrazas.
Solo está el sol tan solitario y me solaza:
yo quiero cuarto y mitad de sol, y toda la luz
ultravioleta,
quiero quemarme y ser lagarto y luz y cielo,
porque el sol lo es todo, es la energía metafísica
del ser y del no ser, el centro de todas las
metáforas

y de los mantras, de los úteros, de los chicles, de
los escupitajos,
y tú escupes y:
ahí está de nuevo el sol
como un Dios indiferente en primavera.
Me hago sol, me como el sol, lo muerdo, lo lamo,
lo acaricio, me funde y me refunde
y me deja tan líquido buscando el sumidero
de las más soleadas aceras en este barrio tan
sombrío.
Sal y ponte, como yo, otra vez el día de mañana.

El mar hambriento

Lo que le pasa al mar es que está hambriento, por eso está siempre lame que te lame las playas, lame que te lame las bahías, lame que te lame las rocas de los acantilados, como un animal pidiendo más alimento.

El mar tiene hambre infinita, por eso está lleno de vertidos tóxicos, de patitos de plástico perdidos y de rudos marineros tatuados muertos en galernas. Entre las olas duermen miles de horrores, calamares gigantes y civilizaciones devastadas en continentes sumergidos hace tanto tiempo que aún no existía el tiempo.

Algún día el mar se saciará, cuando haya avanzado y haya devorado todo lo que existe, a todos los que esperamos tranquilos a bordo de nuestras ciudades confortables y seguras. Los rascacielos, las iglesias, los ejecutivos, los Boeing 747 dentro de los aeropuertos, los hombres anuncio que compran oro, el pan, todo el pan del mundo, y a nuestras abuelas. Nosotros, los que una vez pusimos el pie en la tierra intentando huir del mar.

Y cuando ya todo sea mar, cesarán por fin las olas, el mar estará tranquilo.

El falso premio de la fama

Mi madre tenía una compañía de danza y yo vivía rodeado de mallas y calentadores, era curiosa la naturalidad con la que los bailarines trataban sus cuerpos: daba igual el desnudo, el tocarse, con indisimulado orgullo clavaban la punta en el parquet y,
conservando el momento angular, giraban cada vez más rápido cuanto más replegaban
sus piernas, sus brazos, sus pétalos, sus cuerpos plásticos y cimbreados que jugaban
con las leyes de la Física sin saber nada.

Cuerpos roca emulando el giro de la Tierra, mientras en la tele echaban Fama, iban igual vestidos, el negro Leroy y las calles de Brooklyn, era casi la única cosa salvable de esa década decadente y hortera que fueron los ochenta y había una voz en *off* que decía
«la Fama cuesta y aquí vais a empezar a pagarla con sudor», una frase casi bíblica surgida entre el humo y la montaña, que parecía real, una profecía, una ley divina
pero que pronto un niño, por muy niño, por muy hijo de la bailarina, descubre que es mentira.

El justo medio de las cosas

La vida es muy doble y todo me aburre a la mitad: las películas, las novelas, las misas de doce, los árboles (a la mitad del tronco), las resacas y las noches. Bueno, vamos a ver, las noches no. Y algún crustáceo.

Yo querría ser el Filósofo y decir: la virtud está en el aristotélico punto medio de las cosas. O como Salomón, partir por la mitad a un neonato y tener un Templo, bueno no, medio templo, con sus medias columnas y sus medio judíos en un media leyenda seminal.

La bicicletas: monociclos, las gafas: monóculos, la leche, semidesnatada, y la ótica, semiótica, todo lo bi: mono, y los hombres: medios hombres, ¿pero cómo?
¿Medias las piernas o el tronco? ¿Medio el lado izquierdo o el derecho? Yo creo que más que el medio de fuera, prefiero el de dentro, húmedo y cavernoso, lleno de flemas. Los humanos importan más por dentro. Ahí está el hígado, la manteca, y lo demás.

Todo tiene que hacerse a la mitad: la mitad de la naranja que no busca otra mitad y está bien sola.

Lo veo meridianamente claro: si todos viviésemos la mitad de nuestro tiempo, la vida duraría el doble.

Los años de aquel pájaro muerto

Los años que te debo, los que te dejé
frente a la puerta envueltos en papel de estraza
y no saliste a recoger. Los años que quisimos hacer miel
e hicimos brea, los que nos venían de frente,
como un tsunami que solo deja vivas dos personas,
y al final nadie supo qué pasó, por qué se fueron,
a dónde va a parar el tiempo después de revolvernos
los cabellos, si duerme o muere o simplemente calla.
Los años sin silencio que ahora nos cuesta tanto recordar:
qué hicimos tantos días de asfalto, de grifos, de colchones,
de autobuses, algún beso, un par de amigos muertos.
Los años que vivimos mirando minuciosamente al suelo,
tocándonos la piel el uno al otro, los años del húmedo metal,
los años de aquel pájaro muerto, los años que cerramos la ventanas,
los años que perdimos en el fuego.

Poema de autoayuda

Yo estoy bien
pero, bueno, ya sabes
lo del partido conservador y la terrible
coyuntura económica, sin embargo,
yo estoy bien, digo, estoy cuadrando el círculo,
estoy haciendo la cuadratura del círculo, la
triangulación
del mar violento: así voy llegando lejos,
sabiendo cuánto mide un metro.

Algunas noches sueño que te lamo los pezones,
que te quiero
lo justo para nadar en ansiolíticos,
pero estoy yendo al gimnasio, ¿sabes?, estoy
yendo al gimnasio
de las vísceras, estoy sacando el músculo al
suspiro
cada vez que los gusanos se enervan y me
llaman bajo tierra.

Algunas veces imagino que tengo la
oportunidad
de colgarte el teléfono, pero yo, yo, yo
soy más fuerte que todo esto, yo estoy bien,
¿sabes?,
tengo amigos que me quieren, tengo fincas en
las sierras
más sangrientas, planto olivos con las manos,
tengo dedos que

son como un árbol viejo, me da gusto solo de
tocármelos: darme
la mano a mí mismo, cómo no me iba a gustar
eso,
si yo estoy bien, si estoy llegando a límites
olímpicos
de noche y me despierto entre brumas como un
rey artúrico,
como un héroe trágico, como un absurdo
duende esdrújulo
--cómo amo las esdrújulas--.

Deberían
escribir una novela con mis neuras, porque
estoy bien, muy bien
estoy de puta madre.

Me deslizo entre las cosas

Dejo intacto lo que toco y más que pensar
persigo al pensamiento, me deslizo entre las
cosas
siendo inocuo: no me recuerda el suelo
sus grietas mudas los cables de alta tensión
de las acacias.
Yo doy lo mismo, soy al silencio
lo que el silencio es al silencio,
lo que la pelusa a los zócalos de la casa vieja,
lo que las ballenas varadas en las playas
a mi jornada laboral cuando amanezca.
Nadie me piensa
y soy al humo lo que al humo es la distancia:
en ella se disuelve, igual yo me disuelvo
en cada centímetro cuadrado de existencia,
igual que el minutero me atraviesa y lo dejo
intacto en su terco goteo de segundos
en su constante cascada de entropía que va
fluyendo
y fluye mientras todo alrededor ¿seré yo?
duerme la siesta.

que lo mismo atraviesa la cintura
del reloj de arena que hace surf
sobre la hoja seca que cae en espiral
desde el plátano falso al suelo, que lo mismo
explota flores que surca rostros con rastrillos,
que lo mismo se arrastra en la sala de espera
que se tira por el balcón de los días que
    perdimos
en la playa, que lo mismo
pone bombas en esquinas inauditas
que te dice amargamente
todos todos todos los días
que lo mismo
que lo mismo
que lo mismo.

ATARDECER *FREELANCE*

Los sobreinformados urbanitas
    contemporáneos,
atrapados en la feroz vorágine del mundo
    actual,
entre la hiperventilación y el desenfreno,
medimos minuciosos el silencio en el salón
y, abandonados al sofá, nos miramos aburridos
los dedos gordos
de los pies.

Veo mi reflejo en el televisor apagado:
un *remake* de Bergman rodado por Ozores.
Cada segundo el hormigón de los muros
se endurece, y las uñas van menguando.

Te extraño como un guardia de sala
del Museo Nacional del Prado,
adormilado ante la más insólita belleza.

Hace sol: el polvo iluminado,
y algún ácaro, flotan ingrávidos frente a
    Apollinaire.
Debajo, el núcleo de la Tierra gira y hierve.

En fin, la tarde en la era *freelance*:
esa amiga con la que accedes a quedar,
aunque no te aporte nada.

Hipócrita lector

Al final de este poema,
el que lo lee, se muere.

Pero aprecia, *hipócrita lector*,
la eterna permanencia del momento:
la vida es el instante que acontece.
Ahora es siempre.

Tal vez el vecino esté pisando el techo,
la célula cancerígena se esté reproduciendo,
el viento de la música te esté peinando el pelo.
El final, en realidad, resulta muy prosaico.

(No teman, yo también quise suicidarme en un
 poema,
ser recordado con honor e insano morbo en las
 imprentas)

Ya llegamos. Estos,
los últimos instantes de tu vida, leyendo poesía.

Índice

La Bella Varsovia convoca el IX Premio de Poesía Joven "Pablo García Baena", que se regirá por las siguientes bases:

1. Podrán concursar autores que no hayan cumplido 35 años a 31 de enero de 2016.

2. Las obras deberán ser inéditas, escritas en castellano y no premiadas en otros certámenes. La extensión mínima de los poemarios --con tema libre-- se establece en 300 versos, sin límite para la máxima. Se enviará mediante el formulario disponible en la web http://www.premiogarciabaena.com. A partir de esta edición no se aceptan copias impresas.

3. Se presentarán bajo seudónimo o lema, que figurará en la primera página de cada archivo correspondiente a la obra. En el formulario se especificará título de la obra, seudónimo, nombre del autor, dirección de e-mail, teléfono y nota biográfica.

4. El plazo de presentación finalizará el 31 de enero de 2016 a las 23.59 (hora española).

5. El jurado lo integrarán cinco miembros de prestigio en el campo de la literatura y un representante de la editorial, con voz pero sin voto; su composición solo se hará pública coincidiendo con la difusión de su fallo. Al jurado, que actuará con libertad y discreción, y cuyas decisiones son inapelables, corresponderá discutir y emitir el fallo, así como otorgar el premio a una sola obra o declararlo ex-aequo, desierto o con accésit.

6. El premio está dotado con la publicación de la obra ganadora en la colección La Bella Varsovia,

con una tirada de 500 ejemplares, interpretándose la entrega de 50 ejemplares al autor como pago de los derechos de autor de la primera edición.

7. Los originales no premiados se destruirán tras el fallo del premio, sin que se mantenga correspondencia alguna sobre ellos.

8. El fallo se hará público durante la primavera de 2016, siendo comunicado personalmente al autor antes de su difusión en los medios. La publicación del libro ganador está prevista para septiembre de 2016, y sus presentaciones tendrán lugar en los meses posteriores. El autor se compromete a asistir a dichos actos.

9. El hecho de concurrir a este premio supone la total aceptación de estas bases.

Córdoba, octubre de 2015.

Esta primera edición
de **Inventario de invertebrados**,
de **Sergio C. Fanjul**,
se terminó de imprimir
el 28 de septiembre de 2015.